Quaderni di ingegneria della conoscenza

Giuseppe Ricci

(Argiope Bruennichi)

(Frank Plumpton Ramsey)

Calcolo di coerenza in un caso particolare

Un'applicazione semplice del metodo di F.P. Ramsey - D.V. Lindley di valutazione in condizioni di incertezza per l'analisi di una richiesta di finanziamento bancario a medio e lungo termine

(Thomas Bayes)   (Dennis V. Lindley)

Agosto 2012

Prefazione

Il manuale era stato preparato per valutare la finanziabiltà di un investimento di una impresa in base alle direttive stabilite dal dirigente responsabile della banca.

Naturalmente il procedimento era basato sul metodo tradizionale di supporto al sistema produttivo o dei servizi.

Il principio basilare era che il prenditore doveva avere la capacità di rimborso o per proprio conto o sulla base dell'investimento finanziato. La fattibilità era sostanzialmente connessa all'effetto leva del finanziamento sulla redditività aziendale.

Questo sano principio, che dovrebbe essere la base del funzionamento delle banche, era già all'epoca in cui ho redatto la memoria (inizio anni '90) fortemente ostacolato nel sistema del credito che preferiva lavorare in attività a maggior valore aggiunto e non improntate alla crescita della capacità o alla qualità dei prodotti del sistema produttivo.

Quando operavo in un istituto bancario mi chiesero, data la mia esperienza in gare internazionali e in capitolati in lingua inglese, di collaborare al settore *Merging and Acquisition*.

All'inizio ero ben contento di lavorare in questo settore perché ero interessato ad esaminare come venivano costruiti i *business plan* e come venivano valutati i valori di mercato delle imprese dalle principali banche di investimento internazionali.

Nei primi tempi ho avuto in mano delle operazioni di vendita di imprese di grandi dimensioni che appartenevano a famiglie o azionisti che le avevano create o stabilmente guidate per anni.

In questi casi vedevo comunque che i nostri metodi interni per fare il *business plan* o per la Banca Europea per gli

Investimenti o per il Ministero dell'Industria erano di gran lunga più complessi e raffinati. Infatti utilizzavamo valutazioni che richiedevano studi di mercato approfonditi e analisi spinte fino a calcolare gli effetti delle tassazioni sulla redditività. Per non parlare dei noiosi calcoli di *sensitivity*.

Nei bandi delle banche di affari americane (tra cui la Lehmann & Brothers) e inglesi la parte di valutazione economica e le proiezioni erano molto superficiali e si limitavano ad alcune tabelle dove non era possibile individuare i criteri di calcolo. Ma tutte evidenziavano grandi incrementi di redditività che avrebbero dovuto giustificare il prezzo di vendita.
Viceversa erano molto accurate le indicazioni di garanzie e collaterali che, per la nostra mentalità di fare banca in Italia, erano abbastanza vaghi e poco stringenti. Questo poteva essere giustificato dalla differente legislazione dei paesi in cui veniva fatta l'operazione.

Mi stupiva molto che mi venisse proibito di chiedere conto delle metodologie di calcolo alle banche d'affari che avevano redatto i capitolati. Si intuiva una evidente sudditanza psicologica da queste in quanto l'invito a partecipare *in pool* era considerato una concessione di onnipotenti gruppi bancari a noi anche se eravamo uno dei più grandi istituti di credito nazionali.

Successivamente mi trovai a fare i conti con pratiche, per me, molto strane. Si trattava di imprese che due o tre anni prima erano state oggetto di *M&A* e venivano rimesse sul mercato con chiusura dei finanziamenti bancari e plusvalenze notevoli per il venditore.
A questo punto andai dal responsabile e gli dissi che queste operazioni sembravano più una catena di S.Antonio (non citai il sistema Ponzi perché probabilmente non sapeva nulla di quella truffa) che operazioni bancarie e mostrai tutta la mia perplessità sulla partecipazione a queste speculazioni finanziarie. Infatti il sistema poteva andare avanti con buoni risultati per un certo periodo di tempo, ma si sarebbe

trasformato in perdite notevoli per chi fosse rimasto con il cerino in mano appena il mercato avesse punito l'aspetto speculativo di queste operazioni.

Proposi un metodo interno per fare le valutazioni utilizzando le nostre conoscenze e, visto che le incertezze erano notevoli, di utilizzare il metodo di Lindley per valutare se partecipare o meno alle operazioni di *M&A*.

Come avrete intuito, il metodo non venne accettato, con una strana motivazione: perché si trattava di un metodo probabilistico e quindi non basato sulla certezza che è fondamentale per le scelte bancarie.

Questa non è la sola stranezza che ho incontrato nella mia esperienza. Voglio citare anche la dichiarazione di un professore universitario, consulente di banche, che a fronte della mia perplessità sul suo sistema di valutazione degli investimenti basato sul metodo degli scenari, mi disse che il metodo probabilistico fornisce false certezze perché determina le scelte sulla base di calcoli numerici.
Naturalmente per costui era normale fare scelte utilizzando schemi che probabilisticamente sono come il Superenalotto o la schedina del totocalcio.
La dimostrazione è banale. Basta calcolare la probabilità di verificarsi contemporaneo della ventina di eventi indipendenti come quelli che vengono elencati in questi scenari usati per orientare le scelte di un decisore. Anche se ognuno di questi eventi avesse una probabilità di verificarsi pari al 90%, la probabilità complessiva di verificarsi di uno scenario di 20 eventi contemporanei sarebbe del 12,6%. A queste condizioni non si scommette quasi neppure nelle corse dei cani perché si tratta, grosso modo, di un una possibilità a favore e sette contro. Figuriamoci se ci si possono programmare investimenti di milioni di euro.

La tentazione di utilizzare il sistema del credito per operazioni finanziarie più o meno spericolate è sempre presente nelle banche, specialmente quando a condurle vi siano persone che non sono in grado di valutare i rischi in modo sensato.

Spesso i dirigenti da me conosciuti avevano una totale impreparazione a valutare scelte in condizioni di incertezza. L'attività umana (e in questo sicuramente non fa eccezione il settore del credito) è sempre caratterizzata da scelte in condizioni di incertezza anche se spesso non ce ne rendiamo conto.
La conseguenza di questa situazione determinava, per i responsabili, la progressiva totemizzazione di alcune idiosincrasie personali che portavano spesso alla modifica del loro carattere fino a far loro assumere atteggiamenti psicotici connessi con la necessità di punti fermi nelle proprie scelte. In questo modo o sviluppavano un sistema per trasferire le responsabilità ai collaboratori, o si dedicavano a scelte orientate sempre nello stesso modo qualsiasi fosse la situazione di mercato e le informazioni contrarie. Naturalmente tutta l'elaborazione scientifica, da Bayes a Sraffa a Frank Ramsey e altri che non cito perché già indicati nei libri della bibliografia, per loro era come un libro di negromanzia.

Introduzione

Le scelte in condizione di incertezza sono la condizione più comune nei rapporti umani. Esistono varie metodologie per operare correttamente in questo settore se si cerca una scelta coerente con le proprie concezioni di avversione al rischio. Il sistema MINIMAX è stato superato dal metodo descritto da Lindley nel suo libro *Making Decisions* che elabora e completa le teorie espresse da Frank Plumpton Ramsey negli anni '20 del secolo scorso.

Personalmente lo trovo molto utile e di semplice applicazione ed ha la caratteristica di adattarsi bene a tutti i casi, ma ha, apparentemente, il grosso inconveniente, nelle scelte che coinvolgono gruppi o società, di essere connotato con la *Responsabilità del Decisore*.
Infatti sono le idee soggettive di un unico decisore a definire probabilità e utilità delle scelte che si vengono a compiere. Quindi se da una parte permette l'eliminazione di una pletora di impiegati con più o meno ampie capacità decisionali e la possibilità di definire con coerenza ed in tempo reale se un finanziamento è ammissibile o meno, dall'altra il sistema si caratterizza con l'impossibilità di affibbiare le responsabilità decisorie ai sottoposti che resterebbero solo degli esecutori delle direttive del capo.

Utilizzando questo metodo si potrebbe stabilire a priori un valore massimo delle perdite che statisticamente potrebbero verificarsi con una tolleranza fissata a priori. Solo una specifica malasorte (come quella che esca tre volte di seguito lo zero alla roulette) o l'errore di fare solo poche e grandi operazioni può far uscire dai limiti le probabilità di perdita massima programmata.
Il metodo si potrebbe anche utilizzare anche per fare operazioni alla Ponzi stabilendo quando e se conviene partecipare o il momento di uscire dalla speculazione, ma è particolarmente più utile quando si vuole concedere un

finanziamento al sistema produttivo contando sull'effetto leva dell'indebitamento aggiunto al capitale proprio.

Quest'ultimo è il solo modo onesto di fare banca, Le operazioni finanziarie dovrebbero essere considerate alla stregua della truffa e del furto specialmente quando le tipiche operazioni di copertura rischi sono utilizzate per scopi di arricchimento a spese di terzi spesso ignari.
Infatti il sistema del credito è sempre a somma zero fra creditore e debitore tranne nel caso di leva positiva nel finanziamento di investimenti.

Per comprendere questa osservazione facciamo un esempio banale:
La BCE ha visto lievitare durante la crisi finanziaria del 2008 e negli anni successivi le operazioni *overnight* da circa 200 a circa 700 miliardi di euro.
La causa è ben nota. Nasce dalla sfiducia delle banche ad effettuare prestiti a terzi (se non ben garantiti in forma liquida) e fra di loro che ha prodotto una riduzione degli impieghi mentre è aumentata la raccolta. Pertanto ogni sera le banche depositano la liquidità in BCE e con quella fanno utili (apparentemente senza rischi) e remunerano i propri creditori ai tassi minimi correnti e continuamente ridotti con la scusa che il tasso di riferimento deve essere abbassato per favorire gli impieghi. Naturalmente la mattina dopo riprendono il contante per non essere privati di liquidità.
La remunerazione di questi capitali è un esborso della BCE senza contropartite che ha condotto la banca centrale a prevedere un aumento di capitale che verrà sottoscritto dalle banche azioniste della BCE (private per oltre il 50%).

Quindi, non avendo l'operazione sottostanti introiti e risultando la somma degli interessi distribuiti necessariamente pari alla somma delle disponibilità cedute dalla BCE, ne consegue che la riduzione delle attività della BCE deve essere compensata con una iniezione di denaro da parte delle banche pari alla spesa sostenuta. Questa quindi è un'operazione messa in piedi nel breve termine per evitare tracolli di prestatori non in grado di stare sul mercato e si risolverà complessivamente in una perdita per il sistema bancario perché si usano le risorse della BCE *come i soldati di Garibaldi*. Lo scopo ultimo è, come si è sempre fatto, di richiedere agli stati il ripianamento di queste perdite. Ma ora abbiamo una difficoltà in più: gli stati non hanno disponibilità e non possono indebitarsi perché si sono messi sul mercato con i loro debiti pubblici e sono, quindi, anche loro in condizione di poter fallire come è successo per l'Argentina e la Grecia.

In questo caso non occorre il sistema di Lindley per stabilire che questa, per esprimersi come Dennis V. Lindley è una scommessa olandese, ovvero a perdita certa. Il lungo periodo, come noto, ha sempre punito le catene di S. Antonio e le truffe alla Ponzi.

Il metodo di Lindley

Nei sistemi aziendali complessi è uso comune che le decisioni vengano prese da una o più persone con compiti e deleghe specifici.
Le scelte strategiche sono stabilite da un organo collegiale o da singoli individui in base a metodi e mezzi differenti da azienda ad azienda.
Queste scelte strategiche in passato venivano spesso definite in base ad una raccolta di informazioni stabilite in quantità e qualità dalla direzione aziendale e quindi proposte al consiglio di amministrazione o ad appositi comitati.
Le scelte quindi erano basate su informazioni, ma primariamente erano decisioni che comportavano scelte nell'ambito del rischio di capitali. Quindi i decisori dovevano valutare questi rischi in relazione alla propensione al rischio dell'impresa ed al valore attribuito al capitale di prestito.
La metodologia è comune a qualsiasi attività imprenditoriale. Di certo sappiamo che le scelte variano in base alla probabilità di guadagno o di perdita di capitale e al valore attribuito al capitale che si può guadagnare o perdere concedendo o meno il finanziamento.
Il sistema di scelta è, ovviamente, soggettivo perché la valutazione della probabilità e del valore dei beni è soggettiva. Tuttavia la scelta deve essere coerente con queste valutazioni ancorché soggettiva. In altri termini se un imprenditore è avverso al rischio non cercherà di aprire un'attività in un'area dove la situazione politica ed economica sono instabili anche se i vantaggi economici fossero elevatissimi a meno che si tratti di investimenti per valori ritenuti molto modesti e che quindi si possono rischiare senza mettere in pericolo la sopravvivenza della propria impresa. Sarebbe una scelta analoga a quella di chi acquista un biglietto della lotteria con la possibilità elevatissima di perdere un piccolo importo e la possibilità (infinitesima) di acquisire una grande ricchezza.
Il metodo di Lindley ha la caratteristica di mostrare le procedure decisionali come avvengono normalmente per tutti i decisori

mediante la costruzione di un sistema analitico semplice in grado di emulare i modi di fare le scelte in condizioni di incertezza delle persone normali, escludendo quindi i malati mentali.

Il metodo è l'elaborazione delle teorie della probabilità e dell'utilità introdotte da Frank Ramsey. Purtroppo la sua prematura scomparsa ha impedito che questa metodologia, contenuta nei suoi appunti, fosse di uso universale e applicata per fare scelte coerenti e razionali.

Caratteri decisionali

Occorre fare una premessa sul sistema decisionale umano per comprendere alcuni elementi basilari di valutazione del rischio. Si può, per i nostri scopi, sintetizzare il carattere di un decisore in tre tipi prevalenti e due secondari:

Principali:
1) Psicotico
2) Neurotico
3) Schizoide

Secondari:
1) Paranoide
2) Ottimista-non paranoide

Per semplicità definiamo il comportamento psicotico quello di chi ha la tendenza a non tenere conto delle informazioni che dovrebbero modificare le probabilità attribuita agli eventi derivanti dalle decisioni.
Con comportamento neurotico intendiamo i comportamenti di chi tende a modificare drammaticamente la propria valutazione della probabilità degli avvenimenti in base alle informazioni anche se non pertinenti.
Si definisce comportamento schizoide quello di chi reagisce in forma casuale alle informazioni.
Per carattere paranoide intendiamo quello di chi tende a dare valutazioni tendenzialmente negative, in relazione alle proprie aspettative, a fronte di informazioni ricevute.
Il carattere ottimista-non paranoide è l'opposto di questo.
Queste definizioni servono per rappresentare graficamente la risposta all'informazione dei singoli caratteri.
In appendice sono riportati i grafici corrispondenti alle risposte all'informazione per i vari tipi di carattere e definito un tipo di risposta "Normale Standard".
Se si rappresenta in ascisse in un diagramma cartesiano il rapporto di veridicità derivante dalla valutazione di un'informazione ed in ordinate il valore finale della probabilità

meno il valore iniziale in rapporto alla probabilità iniziale lo psicotico puro si rappresenta con l'asse delle ascisse.
Il neurotico puro è rappresentato da una retta posta all'ascissa +1
Lo schizoide può essere rappresentato solo da un insieme disordinato di punti.
Il paranoide puro è l'asse verticale all'ascissa $-\infty$ e l'ottimista puro a $+\infty$.
L'andamento "Normale", per solo uso di riferimento, viene definito dalla gaussiana con massimo pari a 0,36 all'ascissa -0,36.
Naturalmente questo grafico serve solo per usi scientifici ed è utile per avere dei valori numerici di riferimento quando si simula un sistema decisionale. Non è applicabile alla psichiatria umana.

Teorema di Bayes

Applicheremo il teorema di Bayes per determinare la modificazione delle proprie aspettative in termini di probabilità in relazione alle informazioni aggiuntive ottenute.
Useremo la legge di Bayes nella modalità più semplice ed intuitiva: la probabilità di un evento a seguito di un'informazione è pari al prodotto della ragione di scommessa iniziale per il rapporto tra la probabilità di veridicità dell'informazione in rapporto alla non veridicità.
Supponiamo che il rapporto di scommessa iniziale sia 1/6 ovvero su sette possibilità una è a favore e sei contro. Se si ritiene che l'informazione aggiuntiva è vera per 9/3 ovvero su dodici possibilità nove sono a favore e 3 contro, il valore finale della probabilità è 1/6*9/3=9/18=1/2 ovvero del 33,3% in termini di probabilità. Quindi si è passati dal valore iniziale del 14,3% al 33,3%
Lo psicotico puro ha una risposta alle informazioni sistematicamente pari ad 1 ovvero con rapporto di veridicità 1/1 qualsiasi sia l'informazione ricevuta.
Il neurotico puro modifica la probabilità iniziale invertendo il rapporto di scommessa o dando il 100% di probabilità ad uno dei due eventi qualsiasi sia l'informazione ricevuta.
Lo schizoide fornisce un rapporto di veridicità relativo all'informazione casuale e non correlato con la situazione oggettiva. Naturalmente il valore iniziale stesso della probabilità è dato in forma casuale e non riferibile allo stato dei fatti: ad esempio se non si hanno informazioni su una corsa di cavalli ed i cavalli che corrono sono 7, la probabilità iniziale di vittoria per un cavallo sarà 1/7. Lo schizoide potrebbe dare, in queste condizioni di informazione, a questo rapporto, qualsiasi valore.

I comportamenti secondari danno indicazioni sulla tendenza a modificare la probabilità in base alle informazioni a favore o contro le aspettative.

Nel caso del comportamento paranoide la tendenza è a considerare le informazioni come negative. Opposto è il caso del carattere secondario ottimista.

Si può definire un comportamento "Normale" come una tendenza intermedia tra psicotico puro e neurotico puro e comportamento secondario leggermente paranoide (conseguenza del fatto che in natura i casi a favore sono ordinariamente sempre minori di quelli contro).

Questo sistema opportunamente utilizzato anche nelle sue forme più complesse è un buon sistema di valutazione psichiatrica perché ogni deviazione dalla normalità mentale è sempre definibile come turba del sistema decisionale.

Precisazione essenziale
Non è un caso particolare che la decisione di finanziare un'impresa dipenda da un insieme molto complesso di dati ed informazioni.

Anche se non viene mai detto è abbastanza ovvio che il teorema di Bayes deve essere sempre utilizzato una sola volta. Infatti se si utilizza più volte non esiste nessuna certezza che la nuova informazione valutata sia già inclusa in altre già utilizzate. In particolare se si valuta la liquidità di un'impresa, certamente l'informazione è inclusa in altre come ad esempio la centrale rischi bankitalia o, ad esempio, i parametri di valutazione di terzi che ne hanno dato un giudizio in base a questo parametro a loro noto.

La dimostrazione di questo fatto può essere precisata con un esempio.

Se mi reco ad una corsa di cani e sono assolutamente ignaro di qualsiasi valore dei cani che corrono il valore iniziale della ragione di scommessa sarà pari a 1 diviso per il numero di cani che corrono. Una prima informazione mi viene dai bookmakers che offrono varie ragioni di scommessa sui vari cani. Pertanto posso orientarmi in base a queste sul valore da attribuire alle probabilità di vittoria dei singoli concorrenti.

Supponiamo che decida di acquistare una scommessa su un cane pari a 2 a 5, ovvero su sette casi 2 a favore e 5 contro. Successivamente incontro un mio amico che frequenta le corse assiduamente ed è aggiornato sulle possibilità di vittoria dei cani. Questi mi dice che certamente il mio vincerà per vari motivi che mi illustra. Se attribuisco una ragione di veridicità a questa informazione di 5 a 4 la mia ragione di scommessa si porta a 2/5*5/4=10/20=1/2 ovvero ho fatto un affare ad acquistare un 2 a 5 che è invece un 1 a 2 ovvero dal 28,5% di probabilità di vittoria sono passato a circa il 33%.
Se poi incontro l'allevatore del cane e questi mi dice che il cane è in forma e ha dato tempi eccezionali durante le prove potrei aggiornare la mia ragione di scommessa dando una veridicità alle parole dell'allevatore pari ad esempio a 6 a 4. Otterrei così 1/2*6/4=3/4 ovvero circa il 42,8%.
Poi potrei parlare con il fantino ed ottenere anche qui informazioni eccellenti che mi potrebbero portare ad avere addirittura una probabilità di successo anche superiore al 50%.
Se tuttavia l'informazione che ho ricevuto la prima e la seconda volta derivavano dalle parole del fantino che aveva parlato con l'allenatore e con il mio amico è evidente che il calcolo è errato perché ho utilizzato più volte la stessa informazione.

Per evitare questo banale errore e seguendo le tipiche procedure decisionali di banca il decisore fornisce un peso ad ogni singola informazione, si utilizzerà la legge di Bayes una sola volta e, nell'esempio si daranno dei valori, opportunamente pesati dal decisore, alle singole informazioni che in totale non supereranno il 99%, in condizioni ottimali, per tenere conto dell'indeterminazione dovuta alla legge di Cromwell.
L'uso improprio della legge di Bayes è frequentemente causa di errori di valutazione in campo sperimentale.

Utilità delle conseguenze di una decisione

Ciò premesso, stabilita la probabilità di un evento, la scelta si orienta anche in base all'utilità dei vari esiti della decisione. Per valutare l'utilità occorre caso per caso costruire una curva di valutazione tipica del decisore.

Nel caso particolare di decisioni che coinvolgono guadagno o perdita di denaro, si può fare riferimento alle curve normalizzate di avversione al rischio ed in questo caso utilizzeremo quelle previste dal prof. Lindley.

La scelta coerente in condizioni di incertezza sarà quella che determina il massimo valore del prodotto tra utilità e probabilità calcolando tutti i casi esclusivi ed esaustivi che seguono dalle decisioni.

Sintesi del procedimento

La procedura di calcolo permette di determinare la probabilità e l'utilità delle varie situazioni derivanti dall'albero decisionale (semplice) del caso, partendo dal capitale di rischio della banca, dall'importo del finanziamento, dall'utilità prevista in caso di successo dell'operazione e dal capitale recuperato in caso di perdita che in questo caso si determina. Il massimo valore del prodotto di probabilità ed utilità per ogni decisione determina la scelta coerente con le impostazioni del decisore sia che sia un comitato sia un singolo individuo.

Il metodo esposto è uno schema di come si deve operare. Ovviamente i valori dei parametri e il relativo peso, come le curve di utilità devono essere adattate ai decisori.
Quello in esempio è conservativo e permette di avere una probabilità superiore al 50% di avere insoluti inferiori al 5% a condizione che i finanziamenti siano molti e di importi non elevati e che non ci siano nel portafoglio finanziamenti superiori al 10% del capitale di rischio.

Per finanziamenti elevati occorre usare la stessa metodologia, ma devono essere esclusi dalla valutazione del limite di insoluto del 5%.

Il calcolo è molto semplice, non richiede programmi raffinati, ma può essere tranquillamente utilizzato un semplice spreadsheet.

Naturalmente i parametri possono essere modificati, aggiungendone e togliendole alcuni o modificando i valori delle singole componenti. Ad esempio per investimenti produttivi occorrere dare un peso adeguato alla redditività attesa valutandone bene il valore previsionale anche in relazione ai metodi di calcolo ed alle informazioni utilizzate per ottenerla.

Metodologia

Si procede considerando di voler effettuare un'istruttoria di affidabilità coerente con gli indirizzi di affidabilità a medio termine della clientela.
Si parte, in accordo con il metodo di Lindley da:
1) Valutazione di una lista di eventi incerti esclusivi ed esaustivi conseguenti alla decisione;
2) Valutazione dell'utilità da associare ad ogni conseguenza di ogni evento incerto in base ad una curva di utilità del capitale in gioco per il decisore che dipende anche dal capitale complessivo di rischio;
3) Valutazione della probabilità da associare a ciascun evento partendo da una probabilità iniziale modificata mediante la legge di Bayes in base alle informazioni ricevute;
4) Calcolo dell'utilità marginale per ogni decisione che può essere presa.

1) Lista di eventi esaustivi ed esclusivi
Supponiamo di operare costruendo un albero decisionale relativo ad due casi:
a) operazione con garanzie reali
b) operazione senza garanzie reali con garanzia del venditore dei macchinari (operazione, ad esempio sulla legge *Sabatini*)

a) Operazione con garanzie reali
Le possibili decisioni sono:
d_1 = concedere de finanziamento
d_2 = non concedere il finanziamento

Eventi incerti:
Gli eventi incerti sono:
θ_1 = operazione a buon fine al termine del periodo esaminato
θ_2 = operazione che termina con una perdita

Conseguenze possibili

Le conseguenze possibili nel caso di concessione del credito sono:
C_1 = recupero integrale del capitale più gli interessi del periodo
C_2 = recupero parziale del credito

Nel caso di non concessione del finanziamento il capitale di cui si calcola l'utilità è pari all'importo del finanziamento non concesso (C_3). Infatti se non ci sono altri utilizzi, qualsiasi sia la situazione economica del richiedente, non ci sono conseguenze per il capitale di rischio della banca. Mentre nel caso di finanziamento l'utilità si calcola sul capitale di prestito più gli interessi per il caso di buon fine; sul capitale recuperato in caso di esito negativo.

Questo è l'albero decisionale del caso:

Albero decisionale nel caso di finanziamento ordinario

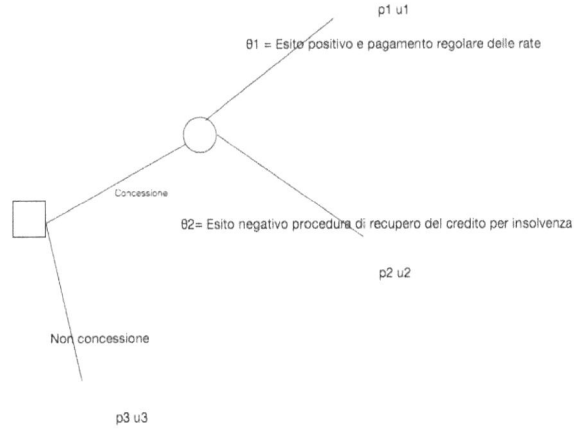

p1= probabilità di pagamento regolare
p2= probabilità di insolvenza
p1+p2=1
Il caso di non concessione è, ovviamente banale sia per il caso θ1 sia per il θ2

2) Utilità dei capitali

Le diverse utilità dei capitali sono calcolate, in genere, mediante la curva di utilità per un decisore avverso al rischio decrescente (con l'importo del capitale rischiato):

$$u(x) = 1 - 0{,}5 * e^{-x/200} - 0{,}5 * e^{-x/20}$$

Dove u è l'utilità del capitale normalizzato x. Per valori molto piccoli la curva è quasi una retta: per valori elevati è asintotica al valore unitario.
Il valore che si assume come valore di base del capitale posseduto è 0,5 per analogia alla corrispondenza tra utilità e probabilità al valore neutro (in assenza di informazioni).

Questa formula di uso generale si ottiene sulla base delle seguenti considerazioni.

La curva di utilità dipende dal decisore. Per decisori propensi al rischio si possono avere curve di utilità concave anziché convesse (curva del giocatore). Per un decisore con avversione al rischio decrescente, come dovrebbe essere una banca (anche se allo stato attuale sembra che si siano concentrati in questo settore dei giocatori professionisti) la curva viene rappresentata dalla seguente equazione con u(x) l'utilità del capitale x:

$$u(x) = 1 - w*e^{-x/a} - (1-w)*e^{-x/b}$$

Per valori molto bassi la curva è quasi lineare ed è asintotica ad 1 per valori molto alti di x. Il capitale posseduto deve avere un valore di utilità pari a 0,5.

In base a questo punto, allo zero (u(0)=0) ed ad una posizione intermedia si determina l'equazione di una curva. In genere è sufficiente, per le applicazioni, porre b=a/10

In questo caso il valore della costante w è dato da:

$$W = \frac{-0,5 + e^{-c/20}}{e^{-c/20} - e^{-c/200}}$$

dove c è il capitale (noto) complessivo disponibile del decisore.

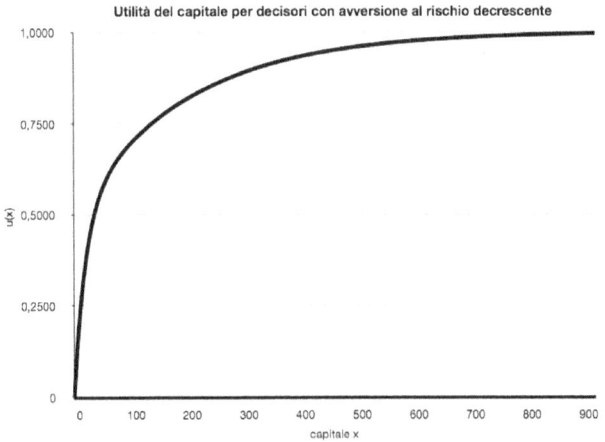

Da qui l'espressione sufficientemente approssimata della curva di utilità sopra indicata.

Questa curva è rappresentabile nel diagramma cartesiano con la forma in figura e rappresenta l'utilità per un decisore con avversione al rischio decrescente.

Nel caso di esempio la curva di utilità è stata calcolata tenendo conto della frazione di capitale che la banca intende utilizzare per questo tipo di operazioni.

Questo risultato si ottiene semplicemente riportando tutti i calcoli monetari al rapporto tra il valore di x che corrisponde ad una utilità pari a 0,5 e il capitale aziendale. In altri termini dal calcolo risulta x= 36 per avere u(x) = 0,5. Quindi il valore del capitale viene normalizzato al valore di 36 con una semplice proporzione. Nello stesso modo sarà definita la base monetaria di tutti gli importi in gioco.

Le utilità in gioco quindi saranno:
u_1 = utilità del capitale di prestito più interessi del periodo
u_2 = utilità del capitale recuperato in caso di esito negativo dell'intervento di finanziamento
u_3 = utilità del capitale non impegnato nel finanziamento perché questo viene negato.

3) Calcolo delle probabilità
Per ogni possibile esito delle decisioni occorre definire la probabilità iniziale e correggerla in base alle informazioni ottenute e che determinano i fattori di verosimiglianza necessari per applicare il teorema di Bayes.

Per valutare la probabilità di esito positivo del finanziamento occorre determinare i parametri di verosimiglianza per l'affidabilità dell'investimento e del richiedente.
I parametri di verosimiglianza che abbiamo usati nell'esempio sono i seguenti:

a.) Liquidità secca
b.) Equilibrio
c.) Patrimonializzazione
d.) Variazione del capitale circolante netto
e.) Autofinanziamento su fatturato
f.) Centrale rischi Bankitalia
g.) Affidabilità dei soci
h.) Mercato
i.) Altro (valutazione dell'investimento o altre informazioni diverse dalle precedenti)

Questo metodo, nel caso si utilizzi per errore due volte la stessa informazione ha il vantaggio di incrementare solo il peso che il decisore dà a quella informazione, ma non ne distorce il giudizio.

Naturalmente potrebbero essere utilizzati altri parametri come Return on Equity, Return On Investment, il valore del baricentro finanziario, la situazione delle vendite in rapporto al break even point, la situazione del consumo merci, l'indice di indebitamento (oneri finanziari su fatturato) o, infine l'indice di Philips o di indice di fallibilità. Ma riteniamo che i parametri scelti siano adeguati a definire la situazione. Resta sempre come indispensabile l'abilità e l'esperienza di chi fa la riclassifica dei bilanci.

Per iniziare occorre fare una riclassifica dei bilanci aziendali e calcolare i parametri da a) ad e)

La riclassifica dovrebbe sempre essere compilata tenendo conto del principio di cassa, ovvero che solo quello che passa dalla cassa è una posta reale e che devono essere eliminati tutti i fondi e gli accantonamenti inseriti per scopi fiscali o per mascherare perdite attuali o pregresse.
La riclassifica, di regola, viene fatta partendo, sia all'attivo, sia al passivo, dalle poste meno facilmente liquidabili. fino ad arrivare a quelle di immediata realizzazione. Quindi dagli immobilizzi materiali ed immateriali per l'attivo e dal patrimonio per il passivo per arrivare alla cassa e banche per l'attivo e ai debiti a breve verso banche e fornitori per il passivo.

Una volta effettuata la riclassifica si provvede a costruire la seguente analisi della situazione patrimoniale:

Patrimonio Netto meno
<u>Immobilizzi netti</u> =
Margine di struttura più

Passività consolidate =
Capitale circolante netto più
debiti fluttuanti=
Capitale circolante lordo

E si deve verificare:
Attività liquide a breve più
Attività realizzabili=
Capitale circolante lordo

La solidità è data da Patrimonio netto su passività consolidate più debiti fluttuanti
L'equilibrio è dato dal rapporto tra capitale circolante netto e capitale circolante lordo
La liquidità secca è il rapporto tra attività liquide a breve e debiti fluttuanti.

a) Liquidità secca
Definisce la capacità di rimborso immediato dei debiti a breve. Assumiamo dei valori standard di valutazione per una impresa manifatturiera o di servizi escluso il sistema del credito che richiede valori di liquidità molto più alti:
Si assume un valore massimo di 0,11 per una liquidità secca uguale o maggiore al 100%
Per valori inferiori si assume un valore lineare fino al 75%. A partire da questo e per valori inferiori si avrà un coefficiente pari a zero.
Si utilizzano le seguenti equazioni:
x= liquidità secca, y= parametro per il calcolo

$x \leq 0{,}75$ $\qquad$ $y=0{,}00$
$0{,}75 \leq x \leq 1$ $\qquad$ $y=0{,}44x-0{,}33$
$x \geq 1$ $\qquad$ $y=0{,}11$

In grafico:

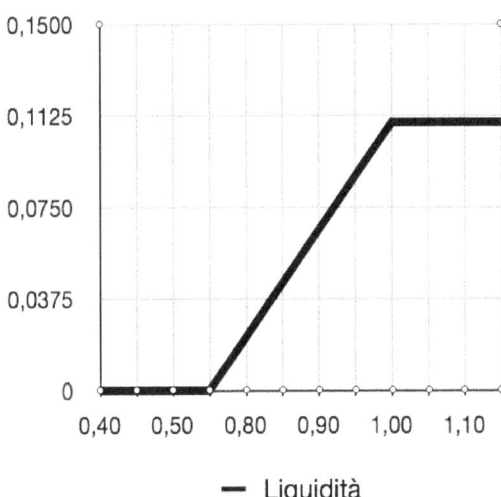

— Liquidità

b) Equilibrio

Il coefficiente avrà un valore pari a 0,10 per un coefficiente di equilibrio uguale o superiore al 30%.
Si calcola sommando i finanziamenti a medio termine al capitale proprio meno gli immobilizzi netti in rapporto al capitale circolante lordo.
Il coefficiente decresce linearmente fino a zero quando l'equilibrio è pari a 0.
Si utilizzano le seguenti equazioni: x= coefficiente di equilibrio

$x \leq 0,0$ $y=0,00$
$0 \leq x \leq 0,3$ $y=0,333x$
$x \geq 0,3$ $y=0,10$

In grafico:

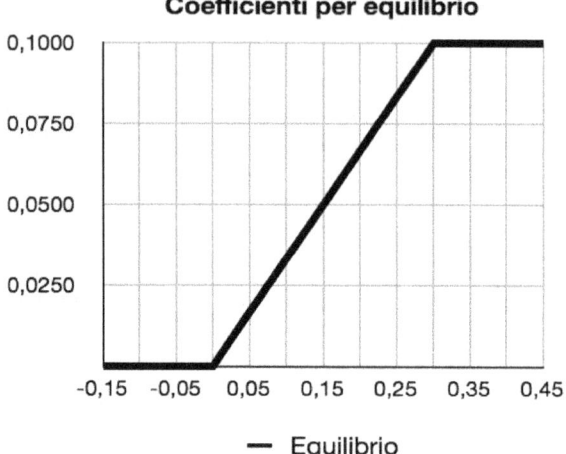

— Equilibrio

c) Patrimonializzazione

Si assume un valore di 0,09 per un rapporto del margine di struttura diviso per il patrimonio netto maggiore o uguale a zero. Per valori negativi compresi tra 0 e -0,09 si assume un andamento lineare con valore pari a zero per margine di struttura diviso patrimonio pari a -0,09. Per valori più bassi il valore resta pari a zero.
Si utilizzano le seguenti equazioni: x= coefficiente di patrimonializzazione

$x \leq -0,9$	$y = 0,00$
$-0,9 \leq x \leq 0$	$y = 0,10x + 0,09$
$x \geq 0$	$y = 0,09$

In grafico:

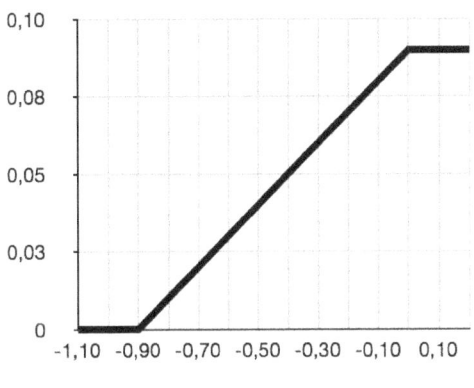

Coefficienti per patrimonializzazione

— Patrimonializzazione

d) Variazione del capitale circolante netto

Si definisce capitale circolante netto la differenza tra patrimonio netto più mezzi a medio e lungo termine meno immobilizzi al netto degli ammortamenti.

Il coefficiente è pari a 0,11 se si ha un incremento uguale o superiore al 15%. Da questo valore decresce linearmente fino a zero per un incremento pari a -5%.

Se si è potuta effettuare un'analisi per flussi il valore ha un significato più stringente in quanto rappresenta l'incremento o il consumo dei mezzi aziendali per effetto della gestione del periodo esaminato.

Si utilizzano le seguenti equazioni: x= coefficiente per il capitale circolante netto

$x \leq -5\%$ $y=0,00$
$-5\% \leq x \leq 15\%$ $y=0,55 \cdot x + 0,0275$
$x \geq 15\%$ $y=0,11$

In grafico:

Coefficienti per la variazione di capitale circolante netto

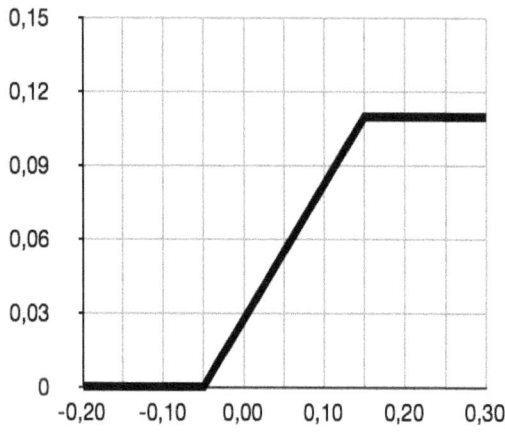

— Variazione capitale circolante netto

e) Autofinanziamento su fatturato

Per autofinanziamento si intende la somma dell'utile più gli ammortamenti di periodo a cui si aggiunge il TFR di periodo che resta in azienda. Il rapporto è importante in quanto fornisce la capacità della gestione di creare liquidità. Per valori maggiori od uguali al 15% il coefficiente è pari a 0,10. Il valore ha un andamento lineare fino a 0 per un rapporto pari a 0. Si utilizzano le seguenti equazioni: x= coefficiente di autofinanziamento

$x \leq 0$ y=0,00
$0 \leq x \leq 0,15$ y=0,66x
$x \geq 0,15$ y=0,10
In grafico:

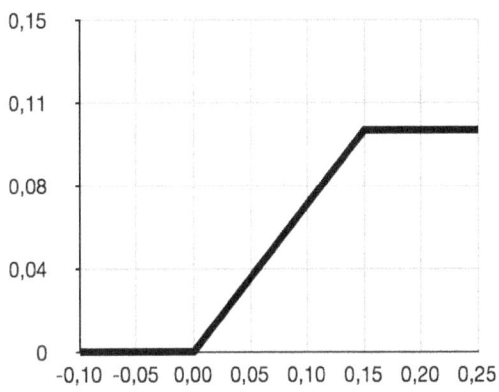

Coefficienti per autofinanziamento

— Autofinanziamento su fatturato

f) Centrale rischi Bankitalia
Si assume un valore pari a 0,11 per un utilizzato su accordato pari o inferiore al 60%. l'andamento è lineare decrescente fino al valore del 90%. Da questo punto il valore si assume pari a 0. Sia x il valore del rapporto tra utilizzato ed accordato in centrale rischi alle voci c/c e finanziamenti in V.E. dedotto mutui in valuta. Si utilizzano le seguenti equazioni: x= coefficiente di autofinanziamento

$x \leq 0,6$ $y=0,11$
$0,6 \leq x \leq 0,90$ $y=-0,366x+0,33$
$x \geq 0,9$ $y=0,00$
In grafico:

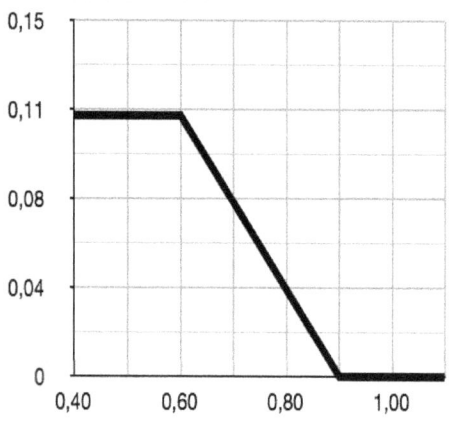

Coefficienti per centrale rischi Bankitalia

— Utilizzato su accordato

g) Affidabilità dei soci
Assume un valore tra 0 e 0,09 in relazione alle informazioni sui soci e sull'interesse di questi al sostegno dell'azienda e dei mezzi di cui dispongono.
Si possono utilizzare cinque termini di giudizio:
Molto negativo: valore 0
Negativo: valore 0
Indifferente o mancanza di informazioni: valore 0
Positivo: valore 0,045
Molto positivo: valore 0,09 (valore massimo)

h) Mercato
Si assume un valore tra 0 e 0,1 a seconda della posizione dell'azienda nello specifico mercato valutando se questo è in espansione o maturo, le possibili minacce e la capacità dell'impresa per prodotti e abilità imprenditoriali a sostenere le sfide del mercato. In particolare è importante valutare la capacità di innovazione di prodotto e di processo e della rispondenza dei nuovi prodotti al business dell'impresa.

Si possono utilizzare i seguenti termini di giudizio:
Mercato in crisi generalizzata sia domestica sia internazionale; prodotto maturo senza segni di rivitalizzazione: valore 0
Prodotto maturo, mercato statico sia domestico sia internazionale: valore 0
Situazione di mercato incerta o non ben definibile: valore 0
Mercato in espansione, prodotto con discreto trend di crescita: valore 0,045
Situazione di mercato molto favorevole, prodotto innovativo molto richiesto: valore 0,09

i) Altro

E' un parametro libero che può essere utilizzato o meno e può includere il giudizio di terzi affidabili che conoscono la situazione aziendale nei particolari.
Questo parametro dovrebbe essere destinato ad includere le informazioni sull'impresa con i seguenti valori:
Informazioni incerte o non certamente positive: valore 0
Informazioni buone e positive: valore 0.045
Informazioni molto buone e molto positive: valore 0,09

Il parametro serve, in caso di nuovo investimento, a valutare le caratteristiche del progetto stesso con i seguenti valori, ad esempio, sulla base del tasso interno di redditività:
TIR minore o uguale al tasso medio di remunerazione delle obbligazioni pubbliche o private: valore 0
TIR maggiore del 10% e minore del 20% del tasso medio di remunerazione delle obbligazioni pubbliche o private: valore 0,045
TIR maggiore del 20% del tasso medio di remunerazione delle obbligazioni pubbliche o private: valore 0,09

La somma dei parametri così ottenuti fornisce gli elementi di verosimiglianza da utilizzare nella legge di Bayes per correggere la probabilità iniziale.

Calcolo dell'utilità marginale

La probabilità finale ottenuta applicando il teorema di Bayes con queste informazioni moltiplicata per l'utilità del capitale nei vari casi determina l'utilità marginale delle varie scelte. Il valore massimo è quello che corrisponde alla scelta coerente del decisore, ovvero la scelta che farebbe con il rischio e l'utilità che si è disposti ad affrontare.

Applicazione del teorema di Bayes

Il teorema di Bayes, per i nostri scopi viene così definito:
Siano E e F due eventi e p(E) diverso da zero e p(F) le loro probabilità, la probabilità di E dato F è data da:

$p(F|E) = p(E|F) * p(F) / p(E)$

La legge deriva dalla legge di moltiplicazione delle probabilità, ma non è immediatamente evidente.
La forma più usata è come rapporto di scommessa ovvero dato R(F|E) il rapporto di scommessa dell'evento F dato E e R(F) il rapporto di scommessa dell'evento F di cui dobbiamo aggiornare la probabilità in base all'informazione:

$R(F|E) = R(F) \dfrac{p(E|F)}{p(E|-F)}$

Se ad esempio la ragione di scommessa R(F) sia quella iniziale di colpevolezza C di un imputato, questa si modifica moltiplicandola per il rapporto tra probabilità di colpevolezza in base alla prova e probabilità di non colpevolezza in base alla prova.

Nel caso di affidamento bancario in teoria si potrebbe considerare come orizzonte temporale un anno. In realtà gli affidamenti bancari hanno importi di utilizzo variabili, ma in genere non vengono revocati dopo un anno. Pertanto si dovrebbe applicare una valutazione su una base pluriennale. Per le operazioni a medio termine è importante la valutazione dell'investimento che talvolta è uno dei pochi elementi di cui si

dispone perché si tratta di impresa di nuova costituzione che si appresta a realizzare le proprie strutture produttive.
La prima cosa che si valuta è la probabilità iniziale per il primo anno che perviene sulla base dei dati noti sull'impresa da finanziare.

Questo dato viene corretto in base a tutti i parametri che abbiamo indicato in precedenza.
Il valore finale così trovato è il valore iniziale per il secondo anno su cui si potrà effettuare una correzione con il teorema di Bayes sulla base di valutazioni soggettive dei parametri di valutazione modificati al secondo anno.
Per il terzo anno è bene partire da un valore pari al 50%, per motivi di prudenza e fare le rettifiche solo sui parametri su cui si può ragionevolmente operare.

Se il finanziamento viene effettuato con garanzia reale occorrono i seguenti dati:

Capitale di rischio dell'impresa bancaria
Questo capitale è il patrimonio della banca incluse riserve dedotte le perdite (anche quelle occulte) destinato al credito di scopo. Nella curva di utilità questo patrimonio corrisponde al valore 0,5.

Importo del finanziamento
E' l'importo richiesto o il valore ridotto in base a regolamenti o leggi specifiche che viene preso in esame come finanziamento da deliberare.
Per gli anni successivi al primo si riduce della quota restituita in linea capitale.

Probabilità iniziale di buon esito
E' la probabilità soggettiva iniziale di buon esito. Se non si ha nessuna informazione il valore è pari a 0,5.

Numero annualità
Nel caso di finanziamento a medio termine occorre conoscere la durata del finanziamento per valutare anno per anno i relativi rischi.

Valore garanzie
Se vengono prestate garanzie si valutano solo quelle che determinano un ritorno certo in caso di insolvenza:
- garanzie reali
- idonee assicurazioni del credito
- fideiussioni a prima richiesta (in questo caso occorrerebbe valutare la probabilità di insolvenza del fideiussore per dare un valore corretto della garanzia). Non vogliamo complicare l'esposizione con queste valutazioni perché sono di semplice calcolo con questo metodo.

Tasso del finanziamento
Il tasso inserito è il tasso noto, fisso o variabile. In caso di tasso variabile, il nuovo tasso non è definito per gli anni successivi al primo a meno che ci siano indicazioni per valutarne la probabilità. In ogni caso caso dovrà essere definito un tasso in base alle conoscenze del decisore.

In tabella sono riportati questi valori in un caso di esempio.

		Probabilità iniziale di buon	
Capitale totale di rischio	31.000	esito	0,7
Finanziamento	2.000		
		Probabilità iniziale di perdita	0,3
Guadagno previsto con buon esito	2300	Tasso	5%
Recupero previsto in caso di cattivo esito	1600	Numero rate per anno	1
Utilità senza investimento	0,060593	Valore garanzie reali	2000
Utilità con buon fine	0,069140	Perdita per eventuale procedura	400
Utilità della quota recuperata da procedura	0,048983	Numero rate totali	9

A questo punto si devono calcolare i parametri di verosimiglianza per ogni anno di esame di fattibilità del finanziamento.

Il sistema può essere implementato con incremento dei parametri di verosimiglianza o adattamento di questi alle condizioni specifiche. La curva di utilità potrebbe essere determinata in base ad una analisi più approfondita del comportamento del decisore anziché ricorrere a quelle standard.

Notiamo che solo in casi come quello in esame si possono usare le curve di utilità, mentre se stessi trattando questioni non economiche sarebbe sempre necessario definire la curva specifica del decisore per quel tipo di scelte.

4)A questo punto abbiamo tutti gli elementi per effettuare il calcolo.

Infatti è dato il valore del capitale di rischio del decisore; in base a questo ricaviamo il valore di u dalla curva normalizzata di utilità.

La probabilità iniziale di buon esito viene fornita soggettivamente. Questa sarà pari a 0,5 se non abbiamo nessuna informazione. Se si tratta di cliente già conosciuto si può dare un valore anche più elevato in base alla storia pregressa.

Ovviamente la probabilità iniziale di perdita sarà data da 1 meno la probabilità iniziale di buon esito.

Si conosce il finanziamento richiesto, il tasso di interesse e quindi anche il valore del capitale (capitale più interessi) incassato in caso di buon esito. A questo corrisponde una utilità per buon esito definita dalla curva specifica.

Si conosce il valore presunto di recupero in caso di cattivo esito a cui corrisponde una utilità del capitale recuperato

Si conosce, ovviamente, il valore del capitale che non viene investito e che non produce reddito ovvero ne produce una quota inferiore a quella prevista in caso di impiego come finanziamento.

Tabella verosimiglianza	Valori per il calcolo della verosimiglianza	Parametri di verosimiglianza calcolati	Valori non numerici
Liquidità	1	0,11	
Equilibrio	0,3	0,1	* nota
Patrimonio (MDS/ Patrimonio netto)	0	0,09	---=0;-=0;+=0,01
Centrale Rischi	0,6	0,11	+=0,045;++=0,09
Mercato (cfr nota *)	++	0,1	
Giudizio Filiale (cfr nota **)	++	0,09	
Variazione CCN	0,15	0,11	
Autofinanziamento su fatturato	0,15	0,1	** nota
Affidabilità dei soci (nota ***)	++	0,09	---=0;-=0;+=0
Altro (nota ****)	++	0,09	+=0,45;++=0,09
Totale		0,99	

A questo punto si sommano tutti i parametri di verosimiglianza e si potrà costruire la tabella della probabilità del primo anno per il caso di buon esito e di cattivo esito, la verosimiglianza in caso di buon esito ed il complemento a 1 per la verosimiglianza per il cattivo esito.
Si ha il complemento a 1 in quanto i casi in esame sono complessivamente due.

Applicazione della Legge di Bayes

	Verosimiglianza 1o anno		Prodotto Verosimiglianza per probabilità		Probabilità finale con rettifica a 1 delle somme dei prodotti di probabilità per verosimiglianza
Probabilità iniziale di non fallimento 1o anno	0,7	0,99	0,693		0,9957
Probabilità iniziale di fallimento 1o anno	0,3	0,01	0,003		0,0043
		Somma verosimiglianze per probabilità	0,696	Rettifica	1,0000

Si ottiene quindi la tabella di applicazione della legge di Bayes che permette di passare dalla probabilità iniziale a quella modificata sulla base delle informazioni ricevute.

Si è supposto, caso abbastanza favorevole, che la somma dei termini di verosimiglianza abbia dato il valore 0,99 (a favore) e quindi 0,01 contro.

Il prodotto della probabilità per la verosimiglianza non sarà quasi mai con somma 1, per cui deve essere normalizzato ad 1 per la coerenza con le leggi della probabilità.

A questo punto si tratta di calcolare l'utilità del denaro nei tre casi dell'albero decisionale:
1) Concessione del credito con esito positivo
2) Concessione del credito con perdita
3) Non concessione del credito

Ad ogni valore di questi importi corrisponde una specifica utilità.
Nel caso di concessione si danno due casi:
Esito positivo
Esito negativo

Nel caso di non concessione gli esiti saranno sempre gli stessi in quanto l'insolvenza dell'impresa non cambia il risultato.

Quindi la fattibilità viene calcolata in base al prodotto di probabilità per utilità per i due eventi incerti e per le due decisioni.

Sia
θ_1 = operazione a buon fine al termine del periodo esaminato
θ_2 = operazione che termina con una perdita
e siano le due decisioni:
Concessione
Non concessione

Supponiamo che l'utilità sia nei quattro casi:
1) Concessione con esito positivo: u1= 0,069140
2) Concessione con perdita: u2= 0,048983
3) Non concessione (capitale iniziale non modificato anche con impresa che non va in default): u3= 0,060593
4) Non concessione (capitale iniziale non modificato anche con impresa che va in default): u4=u3.

CALCOLO DELLA FATTIBILITA'				
DECISIONI		θ1	θ2	Utilità marginale = somma dei prodotti di utilità per probabilità dei singoli eventi
CONCESSIONE	utilità degli esiti delle decisioni	0,069140	0,048983	0,069054
NON CONCESSIONE	utilità degli esiti delle decisioni	0,060593	0,060593	0,060593
	probabilità dell'evento	0,995690	0,004310	

Eventi esaustivi ed esclusivi:
θ1= pagamento regolare delle rate
θ2= insoluto con recupero del credito

La decisione dipende dalla somma, per ogni decisione, dei relativi prodotti di utilità per la probabilità

Quindi la prima è la somma dei prodotti 0,069140*0,995690 + 0,048983*0,004310

Il valore massimo tra quelli dell'ultima colonna rappresenta la scelta coerente per quel decisore

In questo caso la scelta coerente è la concessione del finanziamento in quanto il valore dell'utilità è maggiore. Queste brevi indicazioni servono per dare un'idea di applicazione del metodo di Lindley al caso della concessione di finanziamenti di una banca ad una impresa.

E' abbastanza immediata l'applicazione, ad esempio, ad un finanziamento con una seconda impresa che fornisce la garanzia come accade nel caso della legge "Sabatini".
Il diagramma decisionale è più complesso perché si hanno quattro possibili eventi anziché 2:

1) Non fallimento di acquirente e venditore
2) Fallimento di acquirente e venditore
3) Fallimento acquirente e non del venditore
4) Fallimento venditore e non dell'acquirente

Restano due le possibilità decisionali e quindi il calcolo si riduce a considerare probabilità e utilità per 8 situazioni.

L'albero decisionale sarà così costituito:

Albero decisionale nel caso della legge Sabatini

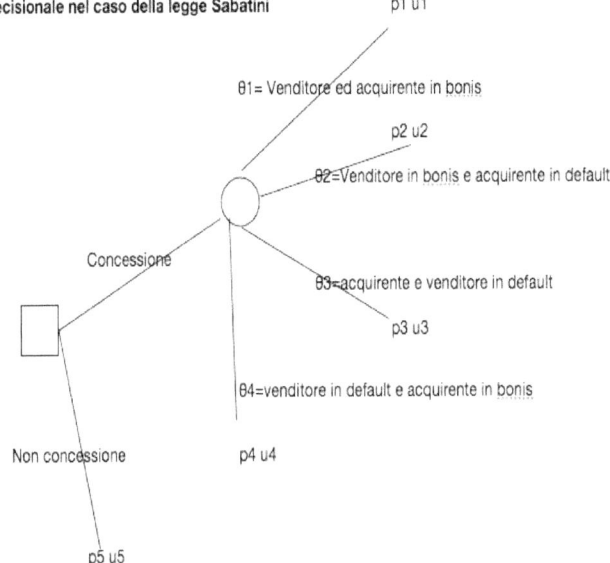

p1= prodotto della probabilità di essere in bonis del venditore (pv) e dell'acquirente (pa)
p2= prodotto della probabilità del default dell'acquirente (1-pa) e venditore in bonis (pv)
p3= prodotto della probabilità del default contemporaneo del venditore (1-pv) e dell'acquirente (1-pa)
p4= prodotto della probabilità del fallimento del venditore (1-pv) e acquirente in bonis (pa)

la somma è pari a 1: infatti pv*pa+(1-pa)*pv+(1-pa)*(1-pv)+(1-pv)*pa=1
Il caso di non concessione è, ovviamente banale

ovviamente u4 = u1

La tabella dei dati sarà la seguente:

Venditore:			
Capitale totale di rischio	31.000	Probabilità iniziale di buon esito	0,7
Netto ricavo	2.000		
Credito concesso	2.200	Probabilità iniziale di perdita	0,3
Recupero per estinzione venditore	2.050	Recupero previsto per fallimento venditore ed acquirente	640
Utilità del netto ricavo	0,060593		
Utilità con buon fine	0,066306		
Utilità della quota recuperata da fallimento	0,020094		
Utilità della quota recuperata dal venditore	0,062027		
Acquirente:			
Capitale totale di rischio	31.000	Probabilità iniziale di buon esito	0,7
		Probabilità iniziale di perdita	0,3

I valori di verosimiglianza saranno:

Venditore	Valori di verosimiglianza immessi	Parametri di verosimiglianza calcolati	Valori non numerici
Liquidità	1	0,11	
Equilibrio	0,3	0,1	* nota
Patrimonio (MDS/ Patrimonio netto)	0	0,09	$--=0; -=0; +=0,01$
Centrale Rischi	0,6	0,11	$+=0,045; ++=0,09$
Mercato (cfr nota *)	++	0,1	
Giudizio Filiale (cfr nota **)	++	0,09	
Variazione CCN	0,15	0,11	
Autofinanziamento su fatturato	0,15	0,1	
			** nota
Affidabilità dei soci (nota ***)	++	0,09	$--=0; -=0; +=0$
Altro (nota ****)	++	0,09	$+=0,45; ++=0,09$
Totale		0,99	

Acquirente			*** nota
	Valori di verosimiglianza immessi	Parametri di verosimiglianza calcolati	$--=0; -=0; +=0$
Liquidità	1	0,11	$+=0,045; ++=0,09$
Equilibrio	0,3	0,1	
Patrimonio (MDS/ Patrimonio netto)	0	0,09	
Centrale Rischi	0,6	0,11	**** nota
Mercato (cfr nota *)	++	0,1	$--=0; -=0; +=0$
Giudizio Filiale (cfr nota **)	++	0,09	$+=0,045; ++=0,09$
Variazione CCN	0,15	0,11	
Autofinanziamento su fatturato	0,15	0,1	
Affidabilità dei soci (nota ***)	++	0,09	
Altro (nota ****)	++	0,09	
Totale		0,99	

L'applicazione della legge di Bayes:

Applicazione della Legge di Bayes

VENDITORE

	Verosimiglianza 1o anno		Prodotto Verosimiglianza per probabilità	Probabilità finale con rettifica a 1 della somma dei prodotti di probabilità per verosimiglianza
Probabilità iniziale di non fallimento 1o anno	0,7	0,99	0,693	0,9957
Probabilità iniziale di fallimento 1° anno	0,3	0,01	0,003	0,0043
		Somma verosimiglianze per probabilità	0,696 Rettifica	1,0000

ACQUIRENTE

	Verosimiglianza 1o anno		Prodotto Verosimiglianza per probabilità	Probabilità finale con rettifica a 1 della somma dei prodotti di probabilità per verosimiglianza
Probabilità iniziale di non fallimento 1o anno	0,7	0,99	0,693	0,9957
Probabilità iniziale di fallimento 1° anno	0,3	0,01	0,003	0,0043
		Somma verosimiglianze per probabilità	0,696 Rettifica	1,0000

E infine la tabella decisionale:

CALCOLO DELLA FATTIBILITA'						
DECISIONI		θ1	θ2	θ3	θ4	Utilità marginale = somma dei prodotti di utilità per probabilità dei singoli eventi
CONCESSIONE	utilità degli esiti delle decisioni	0,066306	0,062027	0,020094	0,066306	0,136600
NON CONCESSIONE	utilità degli esiti delle decisioni	0,060593	0,060593	0,060593	0,060593	0,060593
	probabilità dell'evento	0,991398	0,004292	0,000019	0,004292	

Eventi esaustivi ed esclusivi:
θ1= non fallimento acquirente e venditore
θ2= non fallimento venditore e fallimento acquirente
θ3= fallimento acquirente e venditore
θ4= non fallimento acquirente e fallimento venditore

La procedura può essere facilmente inserita in un programma che può essere utilizzato molto semplicemente. Ciò rende la concessione di finanziamenti una procedura connessa solo con le modalità di concepire il rischio di un solo decisore.

Il Metodo di Lindley si applica a casi disparatissimi e anche non monetari.
Per poter operare occorre definire l'albero decisionale del caso in esame, definire, in modo analogo a quanto descritto utilità e probabilità corretta dalle informazioni e quindi ottenere l'utilità marginale per le varie decisioni.
La legge di utilità dovrebbe essere ottenuta sperimentalmente chiedendo al decisore il valore che attribuisce ad alcuni valori costruendo così una curva interpolare.
Nel caso non monetario si potrebbe ottenere anche una funzione non continua se le utilità sono di tipo discreto.

Un esempio di casi non monetari può essere quello che riguarda la scelta di fare o non fare un intervento chirurgico. In questo caso non c'è nessun valore monetario, ma, nella migliore delle ipotesi, il valore che si attribuisce all'organo oggetto dell'intervento, talvolta alla vita stessa.

Si dispone della tecnologia per creare un sistema decisionale da distribuire alle persone che potrebbe accompagnarle sotto forma di applicazione per smartphone o tablet e sarebbe utile per massimizzare la coerenza delle decisioni in ogni situazione in cui ci si dovesse imbattere di scelte in condizioni di incertezza.

Appendice 1

Per definire l'albero decisionale occorre determinare la lista delle azioni che devono esaurire tutte le possibilità. Il primo passo è quindi di definire l'elenco completo delle scelte. Esse saranno quindi:
1) esclusive
2) esaustive

In base alle azioni si determinano gli eventi ovvero le conseguenze delle azioni possibili.
Gli eventi sono rappresentati con la lettera θ
Le decisioni sono rappresentate con la lettera d
La misura delle conseguenze di una azione, ovvero l'utilità dei possibili risultati delle decisioni sono rappresentate con la lettera u

La misura numerica dell'incertezza può essere rappresentata dalla ragione di scommessa o dalla probabilità.
La ragione di scommessa è rapporto tra casi favorevoli contro casi contrari (rapporto tra probabilità di un evento e probabilità della sua negazione). Ad esempio una scommessa su un cavallo dato 1 a 5 rappresenta la misura dell'incertezza della vincita con un caso a favore e cinque contro
Per esempio: sia la probabilità di verificarsi di un evento pari a 0,2. La ragione di scommessa è p(a)/(1-p(a))= 0,2/1-0,2= 2/8 = 1/4 ovvero la probabilità del 20% è pari a 1 a 4. Che in altri termini significa che su cinque possibilità quattro sono contro e una a favore.

Come noto, invece, la probabilità è il rapporto tra casi favorevoli e i casi totali. Un cavallo con probabilità 1/6 significa che su sei casi uno è a favore ovvero che la probabilità di verificarsi è pari alla frazione 1/6.

Il sistema decisionale riguarda quindi le decisioni "*d*" e che comportano gli eventi incerti θ a cui si può attribuire l'utilità "*u*".

La misurazione dell'incertezza di un evento non è fatta con il metodo statistico, ma sulla base della probabilità che un evento si verifichi. La valutazione è soggettiva in quanto dipende dal soggetto che la valuta e dall'informazione di cui dispone. La probabilità varia con l'informazione (teorema di Bayes). La probabilità di un evento E data l'informazione H si esprime come p(E|H) (probabilità dell'evento E data l'informazione H).

Una volta definite le azioni possibili, le conseguenze di queste con associate le relative utilità e probabilità di verificarsi degli eventi si può costruire un albero decisionale.
Per convenzione da quadrati escono i segmenti che rappresentano le decisioni e da cerchi escono i segmenti che rappresentano le conseguenze delle decisioni

Principio di coerenza:
Dati tre o più eventi E_1, E_2, E_3 se $p(E_1) > p(E_2)$, $p(E_2) > p(E_3)$ ⇒ $p(E_1) > p(E_3)$.

Se si ponesse, ad esempio nel caso di un gioco di azzardo, che $p(E_1) < p(E_3)$ si otterrebbe una perdita certa.

Esiste sempre una relazione tra decisioni ed eventi. Ad ogni azione corrisponde una differente serie di eventi.

Leggi della probabilità:
Legge di convessità:
La probabilità di un evento data una certa informazione è compresa tra 0 e 1 (ovvero tra 0% e 100% di verificarsi)

Legge di addizione:
Presi due eventi esclusivi con le probabilità $p(E_1|H)$ e $p(E_2|H)$ la probabilità di verificarsi dell'uno o dell'altro evento è pari alla somma delle singole probabilità

In formule:

$p((E_1|H)$ oppure $p(E_2|H)) = p(E_1|H) + p(E_2|H)$

Legge di moltiplicazione:
Dati due eventi non esclusivi E_1 ed E_2 la probabilità che si verifichino entrambi contemporaneamente, data l'informazione H, è pari al prodotto delle probabilità dell'evento E_1 dato H per la probabilità di E_2 dati E_1 e H.

$p((E_1|H)$ e $p(E_2|H)) = p(E_1|H) * p(E_2|E_1$ e $H)$.

La legge si può estendere ad un numero qualsiasi di eventi.

Teorema dell'estensione della conversazione:
Dati due eventi esclusivi (li chiamiamo E e -E ovvero non E) data l'informazione H e sia A un evento qualsiasi, la probabilità di A si può esprimere, trascurando il riferimento ad H in quanto stiamo trattando una situazione in cui H è un dato comune a tutti i termini in gioco, come:

$p(A) = p(A|E) * p(E) + p(A|-E) * p(-E)$

La formula si può estendere ad un numero n di eventi inserendo anziché E e -E: $E_1, E_2, \ldots, E_n$

Teorema di Bayes:
Dati due eventi E ed F, se p(E) non è zero la probabilità di F dato E è:

$p(F|E) = p(E|F) * p(F) / p(E)$

In genere F è una legge generale ed E un caso particolare. Da questo caso particolare, quindi, si può ricavare un giudizio sul caso generale. Questa è la forma di ragionamento per induzione in termini probabilistici. Poiché la probabilità è soggettiva, anche in questo caso si conferma che l'induzione è un fatto soggettivo legato alla persona che lo esprime ed al suo personale bagaglio di conoscenza ed esperienza. In Appendice 3 viene riportata la giustificazioni logica di F.P. Ramsey di questa osservazione.

In termini di ragione di scommessa il teorema si può così esprimere:
sia $R(F|E)$ il rapporto tra la probabilità di un evento e della sua negazione:

$R(F|E) = p(F|E)/ p(-F|E)$.

Il teorema di Bayes diventa:
$R(F|E) = R(F) * P(E|F)/ P(E|-F)$

Legge di indipendenza degli eventi:
Due eventi E ed E1 sono indipendenti se si verifica contemporaneamente:
$P(E|E1) = P(E |-E1) = p(E)$
e
$P(E1|E) = P(E1|-E) = p(E1)$
In forma analoga si esprime per tre o più eventi.
Se non si può accertare l'indipendenza in modo deduttivo è meglio non considerare gli eventi indipendenti per evitare gravi errori di valutazione.

Conseguenze di una decisione:
Per effetto di una decisione d_i si ottiene un evento incerto θ_j quindi da questi una conseguenza C_{ij}.
Il valore delle conseguenze di una azione ed un evento incerto è rappresentato dall'utilità della conseguenza C_{ij}. L'**utilità $u(C_{ij})$ si misura nello stesso modo delle probabilità e segue le stesse leggi in quanto si definisce come la probabilità u di ottenere la conseguenza migliore C.**

Come la probabilità si combina con l'utilità:
La probabilità di ottenere la conseguenza C se prendiamo la decisione d_i e si verifica θ_j è pari a $u(C_{ij})$ ovvero

$p(C| d_i \text{ e } \theta_j) = u(C_{ij})$

Utilizzando il teorema dell'estensione della conversazione si ottiene:

$p(C) = \sum p(C| \theta_j) * p(\theta_j)$. Le probabilità a secondo membro sono le utilità, quindi:

$p(C) = \sum u(C_{ij}) * p(\theta_j)$.
$p(C)$ è la probabilità della conseguenza C se viene presa la decisione d_i.

N-B.: le sommatorie sono da j=1 a n eventi

In sostanza abbiamo associato ad ogni decisione d un numero in modo tale che migliore è la decisione, maggiore è il numero. Quindi l'utilità di una decisione è stata ridotta ad un numero compreso tra 0 e 1.

La migliore decisione d sarà quella che massimizza l'utilità u.

Procedura di coerenza:
1) Elencare le decisioni possibili
2) Elencare gli eventi incerti
3) Assegnare la probabilità ad ogni evento incerto
4) Assegnare le utilità alle conseguenze
5) Scegliere la decisione che massimizza la somma delle utilità marginali

Questa è la cosiddetta procedura di coerenza in quanto si adegua perfettamente alle nostre intenzioni e ai benefici da noi attesi.

Queste leggi delle azioni umane sono state inventate da Frank Ramsey e questa è un'applicazione pratica della teoria.

Calcolo del punto di equilibrio di una scommessa:
Si tratta del valore sotto il quale non si è portati a scommettere; consideriamo il caso di importi piccoli ed utilità praticamente lineare:
Sia p la probabilità della vincita in un evento e u_p l'utilità in caso di perdita e u_v in caso di vincita.
Si ha il punto di equilibrio quando $- u_p(1-p) + u_v\, p = 0$
Quindi la probabilità che rende la scommessa neutra è:

$p = u_p / u_p + u_v$

Se $u_p = 20$ e $u_v = 10$ la probabilità di equilibrio è quindi 2/3

Curva di utilità con avversione al rischio o con tendenza al rischio:
L'avversione al rischio monetario più o meno elevata è rappresentata dalla curvatura delle funzioni di utilità. Una concavità verso il basso significa avversione al rischio, mentre la concavità verso l'alto rappresenta un giocatore orientato al rischio.

La funzione di avversione al rischio decrescente più comune è data da:
$u = 1 - 0{,}5\, e^{-x/200} - 0{,}5\, e^{-x/20}$

Questa legge si applica considerando che il valore 0,5 è il capitale totale di cui si dispone. Pertanto la variabile x è ottenuta rapportando il valore monetario in gioco a questo capitale disponibile.

Come si passa da ragione di scommessa a probabilità:
R= Casi Favorevoli/ Casi Contrari

p= Casi Favorevoli/ Casi Totali = Favorevoli/ Favorevoli+Contrari
Posto F= Casi Favorevoli
C= Casi Contrari
T= Casi totali= F+C
La probabilità è
p=F/T
Dividendo sopra e sotto per C
p= F/C/F+C/C
da cui
p= R/R+1

Come si passa da probabilità a ragione di scommessa:
Se p= R/R+1
Risolvendo in R:
p(R+1)= R
pR+p=R
p= R-pR
p= R(1-p)
Da cui:
R= p/1-p

Definizione di verosimiglianza:
Mentre la probabilità è il rapporto tra casi favorevoli e casi totali per definire la verosimiglianza occorre scrivere il teorema di Bayes dalla forma generica:

$p(F|E) = p(E|F) * p(F)/ p(E)$

alla forma che riguarda il sistema decisionale in cui si ha un evento θ_j ed una informazione X:

$p(\theta_j |X) = p(X| \theta_j) p(\theta_j)/p(X)$

ovvero la probabilità dell'evento θ_j in presenza dell'informazione X, o probabilità finale dell'evento θ_j rispetto all'informazione X, è

dato dalla probabilità iniziale dell'evento θ_j moltiplicato per il rapporto tra la verosimiglianza di X dato θ_j e la probabilità di X. Ovvero la probabilità di un evento, data l'informazione X è proporzionale alla verosimiglianza dell'informazione X (in relazione all'evento θ_j) moltiplicata per la probabilità iniziale dell'evento.
Infatti è improprio definire probabilità il valore di verosimiglianza che attribuiamo all'informazione X.

In forma di ragione di scommessa con due soli eventi:

$R(\theta_1|X) = R(\theta_1) (p(X|\theta_1)/p(X|\theta_2))$, con $\theta_2 = -\theta_1$

Regola di Cromwell:
Se dall'informazione H non segue per via logica l'evento E o la sua negazione la probabilità dell'evento E in presenza dell'informazione H è minore di 1:
$p(E|H) < 1$ a meno che H implichi logicamente E e quindi assume il valore 1
$p(E|H) > 0$ a meno che H implichi logicamente la negazione di E e quindi assume il valore 0.

Appendice 2
La risposta soggettiva all'informazione

La risposta all'informazione di una persona dipende dal suo carattere decisionale.
Si può rappresentare la risposta all'informazione graficamente con una curva gaussiana con in ascisse il rapporto adimensionale tra verosimiglianza della verità dell'informazione meno la verosimiglianza di non verità in rapporto alla verosimiglianza di non verità e ponendo in ordinate il rapporto adimensionale tra probabilità finale meno probabilità iniziale diviso la probabilità iniziale.

Si definisce verosimiglianza la plausibilità del verificarsi di un evento. I valori che questa assume sono compresi tra zero e 1 come le probabilità. Quindi si tratta del valore che una persona attribuisce alla probabilità che l'informazione ricevuta sia vera. L'inverso è il valore di non plausibilità che non necessariamente è pari a 1 meno il valore di plausibilità.

Se gli eventi esaustivi ed esclusivi sono due ed il rapporto di scommessa iniziale R_1 e sia p_v la verosimiglianza che il decisore attribuisce all'informazione di essere vera e p_f la verosimiglianza che il decisore attribuisce all'informazione di essere falsa, in questo caso la probabilità finale è data da:

$p_2 = R_1 * p_v/p_f$
ovvero in termini di ragioni di scommessa: $R_2 = R_1 * R_v/R_f$ dove R_v è la ragione di scommessa che l'informazione sia vera e R_f è la ragione di scommessa che l'informazione sia falsa e R_1 è la ragione di scommessa iniziale.

Le note riportate di seguito appaiono di tipo psichiatrico, ma in realtà derivano da analisi sull'intelligenza artificiale.
Infatti il primo elemento da definire per un cervello artificiale funzionante con capacità di apprendimento è il cosiddetto carattere di base.

Si sono mutuati dalla pratica psichiatrica i caratteri semplici secondo le seguenti definizioni:

Carattere psicotico:
Si tratta di un decisore che attribuisce valori bassi, ovvero al disotto della media, alla verosimiglianza delle informazioni. Quindi la differenza tra probabilità iniziale e finale dopo informazione è prossima allo zero.
Nel diagramma con le variabili adimensionali sopra indicate il carattere psicotico puro è definito dall'asse delle ascisse.

Carattere neurotico:
Si definisce come carattere neurotico quello di un decisore che tende a modificare drammaticamente le probabilità in base alle informazioni. Ovvero si tratta di un carattere che tende a sopravvalutare le indicazioni fornite dalle informazioni. Il carattere neurotico puro è rappresentato da una retta verticale nel diagramma adimensionale.

Carattere schizoide:
Si definisce carattere schizoide quello che risponde con valori della verosimiglianza in modo casuale. Il carattere schizoide può essere puro se non esiste nessuna correlazione tra informazione e valore della verosimiglianza attribuita all'informazione o parzialmente schizoide se questo comportamento non è sistematico e totalmente incoerente.

Sottocarettere paranoide:
Si definisce sottocarattere paranoide quello che tende a valutare le informazioni in termini di riduzione delle probabilità a favore. Questo tipo non è molto influente nel carattere psicotico, anche se può modificare le opinioni invertendone il segno. Nel diagramma adimensionale del paranoide i risultati delle valutazioni si trovano prevalentemente nell'area negativa.

Sottocarattere ottimista:
Si definisce sottocarattere ottimista (inverso del paranoide o con predisposizione al rischio) quello che tende a valutare sistematicamente a favore tutte le informazioni che riceve. Ovvero tende ad incrementare la probabilità di un evento favorevole anche con informazioni non coerenti con questo risultato. Nel diagramma adimensionale i risultati delle valutazioni si trovano prevalentemente nell'area positiva.

I caratteri ed i sottocaratteri in genere coesistono. Ad esempio può esserci un carattere schizoide paranoico, o con predisposizione al rischio, ovvero neurotico paranoide, o, anche se meno significativo (specialmente quando l'elemento psicotico è pronunciato), psicotico paranoide.

E' molto interessante osservare come nelle persone il carattere non sia costante, varia nel tempo e con le condizioni in cui si trovano ad operare e anche (spesso) con il tipo di decisione.

In genere le persone con scarsa capacità decisionale, ovvero con incoerenze più o meno sistematiche, oppure chiamate a compiti che non sono in grado di svolgere, tendono a maturare comportamenti psicotici in quanto si sentono rassicurati da regole predisposte e fisse che non richiedono dispendio intellettuale.

Le personalità con tendenza neurotica, nel tempo, tendono o ad attenuare questa tendenza o ad accentuarla.

E', in genere, statico il comportamento schizoide e raramente le tendenze paranoidi o di predisposizione al rischio mutano con l'esperienza.

Le modifiche caratteriali si verificano solo nelle persone con forte capacità autocritica e con tendenza ad analizzare i propri comportamenti verificandone la coerenza.

Per questo si potrebbe pensare che i metodi di coerenza potrebbero essere una terapia per le tendenze psichiatriche non normali prima del verificarsi della malattia conclamata.

Per esperienza lo psicotico, specie se grave, è quasi sempre incurabile per la stessa conformazione del giudizio: la propria coerenza lo porta a non modificare mai i propri comportamenti. Anche se difficilmente, anche il paranoide o l'esagerato ottimista possono mitigare le proprie tendenze.

Le indicazioni sopra esposte derivano dalle definizioni.

Di seguito riportiamo dei diagrammi indicativi delle tendenze psicotiche e neurotiche con influenza paranoide o di predisposizione al rischio.

In genere si definisce, per semplicità e per le macchine pensanti, come normale il diagramma dell'aggiornamento delle probabilità iniziali rappresentato da una gaussiana con $\mu = -0,36$ e $\sigma^2 = 0,36$. Ovvero si tratta di un decisore con tendenza né neurotica né psicotica e una parziale paranoia derivante dal fatto empirico che i casi sfavorevoli sono quasi sempre in quantità minore di quelli favorevoli. Una tipologia totalmente neutra porrebbe invece $\mu = 0$.

Poniamo p_f= probabilità finale dopo valutazione verosimiglianza e p_i= probabilità iniziale.
Mentre v_e è la verosimiglianza dell'accadimento dell'evento mentre v_{ne} è la verosimiglianza del non accadimento dell'evento
Sull'asse delle ordinate avremo il rapporto adimensionale $p_f - p_i/p_i$. Sull'asse delle ascisse avremo il rapporto $v_e - v_{ne}/v_{ne}$.
Quindi passiamo alle rappresentazioni grafiche.

Normale standard
µ= -0,36 e σ²= 0,36

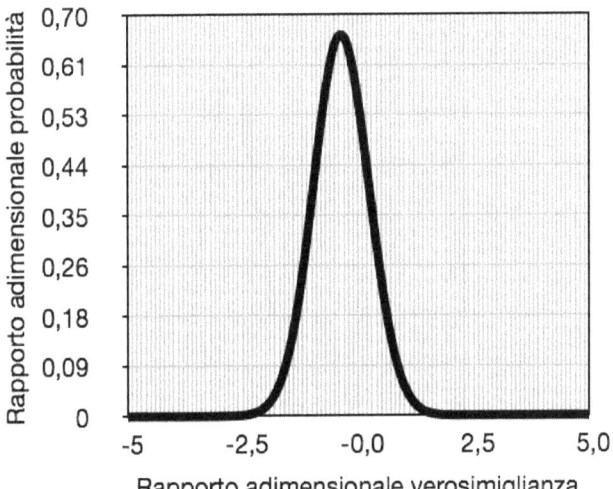

Ottimista standard

µ= 0,36 e σ²= 0,36

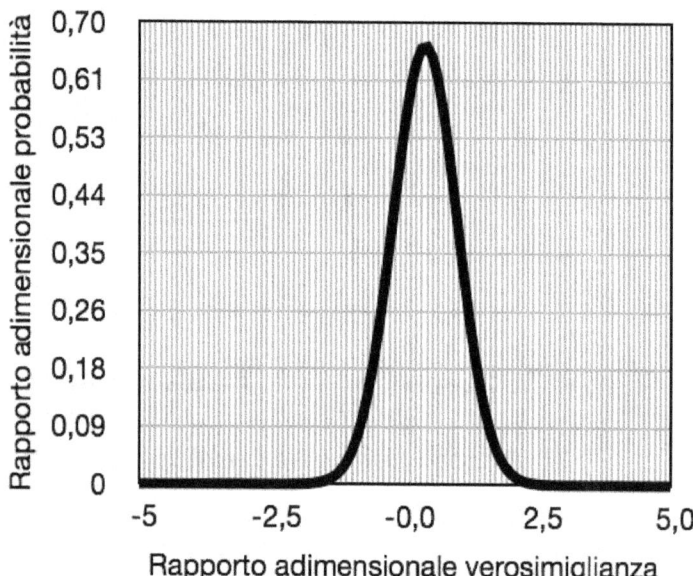

Psicotico tipico

µ= -0,36 e σ²= 20

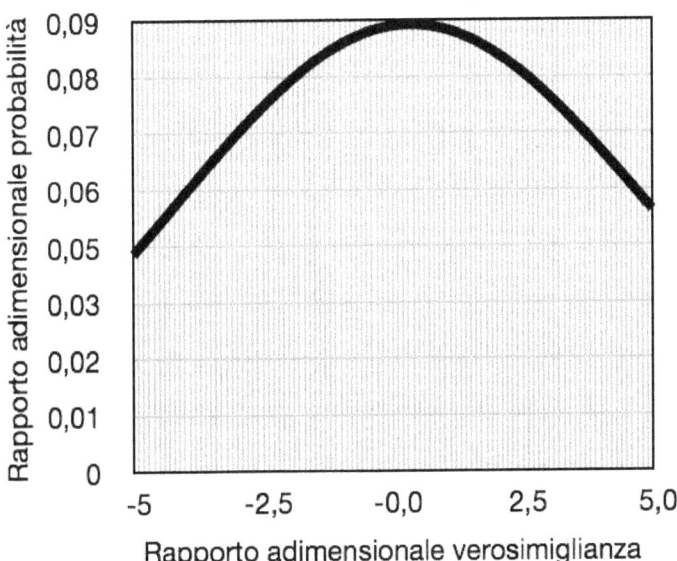

Come si può vedere l'area di intervento è larga e piatta per cui la variazione della probabilità iniziale a seguito dell'informazione è scarsa

Neurotico tipico
μ= 0,00 e σ²= 0,1

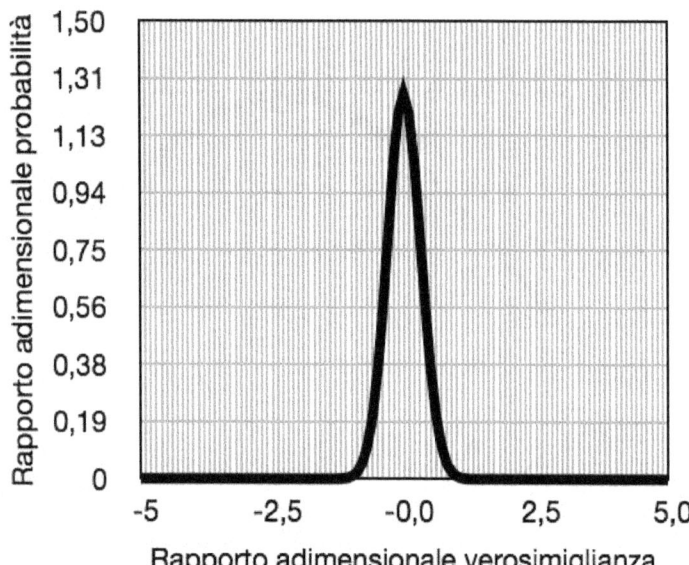

Come si può vedere l'area di intervento è molto stretta e quindi le decisioni ricadono nella zona di maggior effetto sulla variazione della probabilità dell'evento.
Il carattere schizoide non ha un aspetto di gaussiana, ma di punti dispersi sul diagramma cartesiano.
Per riferimento la formula della gaussiana utilizzata è la seguente:

$$f(x) = \frac{1}{\sqrt{2\pi\sigma^2}} e^{-\frac{(x-\mu)^2}{2\sigma^2}}$$

dove la x = v_e - v_{ne}/v_{ne}.
e la f(x) = pf-pi/pi

Appendice 3

Riportiamo il testo tradotto e l'originale delle riflessioni sul ragionamento induttivo di F.P. Ramsey

Induzione: Keynes e Wittgenstein

Ho intenzione di discutere di una delle più importanti questioni filosofiche, che è di interesse generale e non, credo, difficile da capire. Quello che, tuttavia, è così difficile, tanto che che ho abbandonato il tentativo, è di spiegare le ragioni che sono per me decisive a favore del punto di vista che mi sono proposto, vale a dire che è l'unico compatibile con il resto del sistema di Wittgenstein.

"Il processo di induzione", dice, "è il processo di assumere la più semplice legge che può essere fatta in armonia con la nostra esperienza. Questo processo, tuttavia, non ha alcun fondamento logico, ma solo psicologico. E' chiaro che non ci sono motivi per ritenere che il più semplice corso degli eventi avverrà realmente".
Questo è il punto di vista che voglio difendere, ma comincerò considerando la sola descrizione plausibile di una visione alternativa, della quale sono a conoscenza, e cioè quello di Keynes nel suo *Treatise on Probability*.

Egli introduce una ipotesi, che egli chiama l'ipotesi di varietà limitata, che è grosso modo che tutte le proprietà delle cose nascono da varie combinazione di assenza o presenza di un numero finito di proprietà fondamentali o generatrici. Egli sostiene che gli assunti di questa ipotesi potrebbero giustificare il nostro attribuire certezza alle loro conclusioni ma che il grado giusto di probabilità approssimerebbe la certezza quante più osservazioni sono state fatte che confermano le conclusioni.

Mi sembra che il suo argomento per l'adeguatezza di questa ipotesi contenga un errore; cioè che non richiada l'ipotesi che la varietà sia limitata, bensì che abbia qualche limite definito.

Possiamo giustificare l'induzione supponendo che ci sono solo 1000 generatori di proprietà, o supponendo che ce ne siano solo 5 milioni, ma non è sufficiente supporre semplicemente che siano un numero finito. Spiegare perché penso che questa modifica sia necessaria, non è possibile senza entrare in dettagli difficili.

Ma che io abbia ragione o no, non vedo alcuna ragione logica per credere ad alcuna di tali ipotesi; non sono il genere di cose di cui si può supporre di avere una conoscenza a priori, perché sono complicate generalizzazioni sul mondo che evidentemente potrebbero non essere vere. A questo si potrebbe rispondere che non è necessario supporre di conoscere l'ipotesi per certi a priori, ma solo che ha una probabilità finita a priori. (Può essere spiegato che l'alternativa ad una probabilità finita non è un infinito, ma un infinitesimo, come la probabilità che un cuscino abbia una tonalità di colore definito da un numero infinito di tonalità possibili). Argomenti induttivi avrebbero una certa forza se la probabilità iniziale dell'ipotesi fosse finita, e potrebbe quindi essere applicata alla stessa ipotesi, e quindi la probabilità dell'ipotesi aumenterebbe, il che aumenterebbe anche la forza dell'argomento induttivo. Questo corrisponderebbe alla nostra sensazione che l'induzione derivi la sua validità, almeno in parte, dalla nostra esperienza del suo successo.

Dobbiamo quindi considerare la probabilità a priori di una ipotesi di varietà limitata; come possiamo determinare se è finita? Presumibilmente, mediante ispezione diretta, ma a causa della natura astratta delle ipotesi questo è difficile, mi sembra più facile affrontare la questione se notiamo che, se l'ipotesi ha una limitata probabilità a priori, l'ha così ogni generalizzazione come "tutti i cigni sono bianchi"; questo è davvero l'unico motivo per introdurre l'ipotesi. Se poi si può vedere, come credo che possiamo, che la probabilità a priori di "tutti i cigni sono bianchi" è infinitesimale, così deve essere quello dell'ipotesi di varietà limitata.

Non vedo come procedere ulteriormente senza discutere la natura generale di probabilità; secondo Keynes sussiste tra qualsiasi coppia di proposizioni qualche relazione logica oggettiva, da cui dipende il grado di fiducia che è razionale avere in una delle due proposizioni, se l'altra è già nota. Questa chiara obiettiva teoria è però offuscata dal suo affermare in uno o due passaggi che "la probabilità è relativa in un certo senso ai principi della ragione umana". Con la parola umana si passa da una nozione puramente logica per una che è, almeno in parte, psicologica, e di conseguenza la teoria diventa vaga e confusa. Keynes cerca di identificare le relazioni logiche tra proposizioni, con quelle psicologiche che esprimono il grado di fiducia che è razionale per gli uomini di intrattenere, con il risultato che le relazioni di probabilità di cui egli parla non possono essere chiaramente identificate, dove la difficoltà nel decidere o no può sempre essere confrontata tra l'uno e l'altro o misurata da numeri.

Tra proposizioni ci sono infatti relazioni logiche, o formali, alcune delle quali ci permettono di dedurre una proposizione dall'altra con certezza, altre solo con probabilità. Per esempio, se p, q sono due proposizioni elementari, ad esempio come asserire fatti atomici, possiamo vedere quale probabilità la proposizione p v q (p o q) dà alla proposizione p nel modo seguente.
Ci sono 4 casi possibili:
p vera e q vera
p vera e q falsa
p falso e q vero
p falsa e q falsa

di queste l'ultima (p falsa e q falsa) è esclusa dall'ipotesi p v q; dei restanti tre casi p è vera in 2, così p v q fornisce la probabilità 2/3. Tali probabilità sono inevitabilmente numeriche e derivano in maniera chiara e stabilita dalle forme logiche delle proposizioni; e mi sembrano essere le uniche probabilità logiche, e solo loro possono fornire una giustificazione logica per una inferenza.

E' chiaro che non giustificano l'induzione, perché non permettono in nessun modo di dedurre da un insieme di fatti altri fatti interamente distinti da questi; non c'è alcun rapporto formale di questo tipo tra la tesi secondo cui alcuni cigni esaminati sono bianchi e la proposizione che qualche altro cigno è bianco. Questo può essere visto anche prendendo il problema dell'induzione nella forma in cui l'abbiamo lasciato. Abbiamo visto che se l'induzione deve essere giustificata deve esserci una probabilità finita iniziale che tutti i cigni sono bianchi, e questo non potrà essere, a causa del numero infinito di cose che, per quanto ne sappiamo a priori, possono essere cigni neri.

A questa teoria della probabilità si potrebbe probabilmente obiettare, in primo luogo, che è difficile dare applicazione pratica, perché non si conoscono le forme logiche delle complicate proposizioni della vita di ogni giorno; a questo rispondo che può comunque essere una teoria vera, e che questo è supportato dalle contraddizioni alle quali le applicazioni alla vita quotidiana delle teorie della probabilità quasi sempre portano.
Una seconda obiezione più grave è che essa non giustifica processi come l'induzione, che riteniamo ragionevole, e che deve essere in un certo senso ragionevole o non c'è niente per distinguere il saggio dal folle. Ma vorrei suggerire che il senso in cui sono ragionevoli non necessita che non siano giustificati da relazioni logiche.

Mi sembra che ci sia una qualche analogia tra questa questione e quella del bene oggettivo o intrinseco, in quest'ultima si considera la giustificazione delle nostre azioni, e sono presentate ad un tempo con la semplice soluzione che ciò si trovi nella tendenza a promuovere il loro valore intrinseco, una misteriosa entità non facile da identificare; se ora ci rivolgiamo alla giustificazione dei nostri pensieri noi abbiamo l'ugualmente semplice soluzione che questa si trovi nel seguire certe relazioni di probabilità logica (egualmente misteriose e difficili da identificare), come le uniche individuabili sono evidentemente inappropriate. Io penso che entrambe queste semplici soluzioni sono errate, e che le vere risposte non siano in termini di etica o di logica, ma di psicologia: ma qui finisce l'analogia; le azioni sono giustificate se esse sono tali che esse o le loro conseguenze noi o le persone in generale ne hanno una qualche reazione psicologica come esserne soddisfatti. Ma non possiamo dare questi casi in giustificazione delle inferenze. Due soluzioni mi sembrano possibili; una, suggerita da Hume, è che le buone deduzioni sono quelle derivanti dai principi dell'immaginazione che sono permanenti, irresistibili ed universali in opposizione a quelle che sono mutevoli, vacue e irregolari. La distinzione tra ragionamento buono e cattivo è quindi la stessa che c'è tra salute e malattia.

L'altra soluzione possibile mi è appena venuta in mente, e poiché sono stanco non riesco a distinguere chiaramente se è ragionevole o assurda. Grosso modo è che un tipo di deduzione è ragionevole o irragionevole in funzione delle frequenze relative con le quali determina il vero o il falso. L'induzione è ragionevole in quanto produce previsioni che sono in generale verificate, non a causa di qualsiasi previsione logica, che è generalmente verificata, né a causa di ogni relazione logica tra le sue premesse e conclusioni.
In questa prospettiva possiamo stabilire per induzione che l'induzione è razionale, ed essendo l'induzione ragionevole questo sarebbe un argomento di buon senso.

Il testo originale:

Induction: Keynes and Wittgenstein
(Da Notes on Philosophy, probability and mathematics di Frank Plumpton Ramsey, edited by Maria Carla Galavotti- ed. Bibliopolis)

I am going to discuss one of the most important philosophical questions, which is of general interest and not, I think, difficult to understand. What, however, is so difficult, that I have abandoned the attempt, is to explain the reasons which are to me decisive in favor of the view which I shall put forward, namely that it is the only one compatible with the rest of Mr. Wittgenstein's system.

"The process of induction" he says, "is the process of assuming the simplest law that can be made to harmonize with our experience. This process, however, has no logical foundation but only a psychological one. It is clear that there are no grounds for believing that the simplest course of event will really happen".

This is the view which I wish to defend, but I shall begin by considering the only plausible account of an alternative view, with which I am acquainted; namely, that of Keynes in his *Treatise on Probability*.

He introduces an hypothesis, which he calls the hypothesis of limited variety, which is roughly that all properties of things arise from the various combination of absence and presence of a finite number of fundamental or generator properties. He argues that the assumptions of this hypothesis would justify our attributing certainty to their conclusions, but that the appropriate degree of probability would approach certainty as more and more observations were made which confirmed conclusions.

It seems to me that his argument for adequacy of this hypothesis contains a mistake; that what is required is not of the hypothesis that variety is limited, but that it has some definite limit. We can justify induction by supposing that there are only 1000 generator properties, or by supposing that there are only 5000000; but it is not enough to suppose merely that they are finite number. To explain why I think this modification necessary, is not possible without going into difficult details.

But whether I am right in this or not, I see no logical reason for believing any such hypothesis; they are not the sort os things of which we could be supposed to have a priori knowledge, for they are complicated generalizations about the world which evidently may not be true. To this it may be answered that it is not necessary to suppose that we know the hypothesis for certain a priori, but only that it has a finite a priori probability. (It may be explained that the alternative to a finite probability is not an infinite, but an infinitesimal one, like the probability that the cushion has one definite shade of colour out of an infinite number of possible ones). Inductive arguments would have some force if the initial probability of the hypothesis were finite, and could then be applied to the hypothesis itself, and so the probability of the hypothesis would be increased which would again increase the force of inductive argument. This would correspond to our feeling that induction derived its validity in part at least from our experience of its success.

So we have to consider the a priori probability of an hypothesis of limited variety; how are we to determine whether it is finite? Presumably, by direct inspection, but owing to the abstract nature of the hypothesis this is difficult; it seems to me easier to approach the question if we notice, that if the hypothesis has a finite a priori probability, so has any generalization such as "all swans are white"; this indeed is the sole point in introducing the hypothesis. If then we can see, as I think we can, that the a priori probability of "all swans are white" is infinitesimal so must be that of the hypothesis of limited variety.

I do not see how to proceed any further without discussing the general nature of probability; according to Keynes there holds between any two proposition some objective logical relation, upon which depends the degree of belief which it is rational to have in the proposition, if the other is what is known already.

This clear objective theory is however blurred by his saying in one or two passages that "probability is relative in a sense to the principles of human reason". With the word human we pass from a purely logical notion to one which is in part, at least, psychological, and in consequence the theory becomes vague and muddled. Keynes tries to identify the logical relations between propositions, with the psychological ones which express the degree of belief which it is rational for men to entertain, with the result that the probability relations of which he speaks cannot be clearly identified, whence the difficulty in deciding whether or no they can always be compared with one another or measured by numbers.

Between proposition there are indeed logical, or formal relations; some of these enable us to infer one proposition from the other with certainty, others only with probability. For example if p,q are two elementary propositions, i.e. such as assert atomic facts, we can see what probability the proposition p v q gives to the proposition p in the following way.

There are 4 conceivable cases
p true and q true
p true and q false
p false and q true
p false and q false

of these the last (p false and q false) is excluded by the hypothesis p v q; of the remaining three cases p is true in 2; so p v q gives the probability 2/3. Such probabilities are inevitably numerical and arise in a clearly stateable way from the logical forms of propositions; and they seem to me to be the only logical probabilities, and they alone can provide logical justification for an inference.

It is clear that they do not justify induction; for they in no way allow inference from one lot of facts to other entirely distinct ones; there is no formal relation of this sort between the proposition that certain examined swans are white and the proposition that some other swan is white. This may also be seen by taking up the problem of induction in the form in which we left it. We saw that if induction is to be justified there must be a finite initial probability that all swans are white, and this there will not be owing to the infinite number of things which, for all we know a priori, may be black swans.

To this theory of probability it would probably be objected, first, that it is difficult to give it practical application, because we do not know the logical forms of the complicated propositions of every day life; to this I answer that it may nevertheless be true theory, and that this is supported by the contradictions to which applications to daily life of theories of probability almost invariably lead.

A second and more serious objection is that it does not justify such processes as induction which we regard as reasonable, and which must be in some sense reasonable or there is nothing to distinguish the wise man from the fool. But I would suggest that the sense in which they are reasonable need not be that they are justified by logical relations.

There seems to me to be some analogy between this question and that of objective or intrinsic good, in the latter we consider the justification of our actions, and are at once presented with the simple solution that this lies in their tendency to promote intrinsic value, a mysterious entity not easy to identify; if now we turn to the justification of our thoughts we have the equally simple solution that this lies in their following certain logical probability relations, equally mysterious an difficult to identify, as the only ones discoverable are evidently unsuitable. I think that both these simple solutions are wrong, and the true answers are in terms not of ethics or logic, but of psychology; but this is the end of the analogy; actions are justified if there are such, that to them or their consequences we or people in general have certain psychological reactions such as being pleased. But we cannot give this account of the justification of inferences. Two accounts seem to me possible; one, suggested by Hume, is that good inferences are those proceeding from those principles of the imagination which are permanent, irresistible and universal, as opposed to those which are changeable, weak and irregular. The distinction

between good reasoning and bad is then that between health and disease.
The other possible account has only just occurred to me, and as I am tired I cannot see clearly if it is sensible or absurd. Roughly it is that a type of inference is reasonable or unreasonable according to the relative frequencies with which it leads to truth and falsehood. Induction is reasonable because it produces predictions which are generally verified, not because of any logical predictions which are generally verified, not because of any logical relation between its premiss and conclusion. On this view we should establish by induction that induction was reasonable, and induction being reasonable this would be a reasonable argument.

Bibliografia
Dennis V. Lindley - La logica della decisione - Il Saggiatore - 1990
Frank Plumpton Ramsey - Notes on Philosophy, Probability and Mathematics - Edited by Maria Carla Galavotti - Bibliopolis - 1991
Ludwig Wittgenstein - Osservazione sui colori - Einaudi Paperbacks - 1981
Ludwig Wittgenstein - Della certezza - Einaudi Paperbacks - 1978

Edizione italiana
© 2012 Edizioni Ricerca e Sviluppo
Quaderni di Ingegneria della conoscenza
e-mail giuseppericci4@tin.it
ISBN 978-1-291-09480-0
Tutti i diritti sono riservati. Nessuna parte del libro può essere riprodotta o diffusa senza il permesso dell'autore
Edizione 1-2012

www.ingramcontent.com/pod-product-compliance
Lightning Source LLC
Chambersburg PA
CBHW070428180526
45158CB00017B/924